SUR GRIN VOS CONNAISSANCES
SE FONT PAYER

- Nous publions vos devoirs
  et votre thèse de bachelor et master

- Votre propre eBook et livre –
  dans tous les magasins principaux du monde

- Gagnez sur chaque vente

Téléchargez maintentant sur www.GRIN.com
et publiez gratuitement

Bibliographic information published by the German National Library:

The German National Library lists this publication in the National Bibliography;
detailed bibliographic data are available on the Internet at http://dnb.dnb.de .

Imprint:

Copyright © 2015 GRIN Verlag, Open Publishing GmbH
Print and binding: Books on Demand GmbH, Norderstedt Germany
ISBN: 978-3-668-16194-8

Fadimatou Amadou

L' organisation du travail dans les systèmes agroforestiers à base de cacaoyers. Le cas du village Yambassa

GRIN Publishing

Table des matières

Remerciements

La réalisation de ce travail est la résultante des efforts soutenus et conjugués de plusieurs personnes à qui nous tenons à exprimer nos sincères remerciements et nos sentiments de profonde gratitude.

Dr Djiofack Réné malgré ses occupations multiples, a accepté de superviser ce travail et s'est résolument engagé pour sa réalisation.

Dr Bidzanga Nomo Lucien qui n'a ménagé aucun effort pour mettre à notre disposition tous les moyens matériels et humains pour cette réalisation.

Mr Todem Herve qui a encadré ce travail en mettant son savoir à notre entière disposition.

Mademoiselle Milie qui a également mis à notre disposition son savoir-faire et sa disponibilité à tous égards pendant la réalisation de ce travail.

Nos parents Mr et Mme Amadou, Mme Amana Marie-Louise qui nous ont apporté leurs inconditionnels soutiens multiformes dans le cadre de la réalisation de ce travail.

Nous sommes vivement reconnaissants à tous ceux qui, de près ou de loin, nous ont apporté. Nous pensons spécialement a :

-   Nos sœurs et nièces, Hadidjatou, Mairamou, Asmahou, Roukayatou, Bousoura, Hapsa, Hadidja, Aminatou
-   Nos frères et neveux, Ousmane, Adamou, Abdourahman, Mohamadou, Souleymanou, Ismael
-   Mr Awah Manga Armel pour son amitié et ses précieux conseils
-   Nos amis et camarades Djouguela Yannick, Fabrice Kentachime, Tchana Elisée, Deugoue Dolly, Dongmo Michel, Nadia Toukem.
-   la communauté de Yambassa en particulier Benoit, Dominique, Luc.

A tous ceux dont les noms ne figurent pas dans ce document et qui ont nous ont apporté une quelconque aide

SIGLES ET ABREVIATIONS

IRAD : Institut de Recherche Agricole pour le Développement

SAF : Systèmes Agroforestiers

SAFC : Systèmes Agroforestiers à base de cacaoyers

ISSE : Institut Supérieur des Sciences Environnementales

IITA: International Institute of Tropical Agriculture

MO : Main d'œuvre

CEREPHA: Centre Spécialisé de Recherche sur le Palmier à Huile

CERECOMA: Centre Spécialisé de Recherche sur les Écosystèmes Marins

CEREFEN: Centre de Recherche Spécialisé sur Forêt et Environnement

CARBAP: Centre Africain de Recherche sur Bananier-Plantain

INTRODUCTION

Le présent travail s'inscrit dans le cadre du stage d'insertion socio-professionnel conformément aux dispositions des modules d'enseignement et de formation du département des sciences environnementales de l'Institut Supérieur des Sciences Environnementales (ISSE). Dans un but personnel de capitaliser et de diversifier les domaines de notre formation, nous avons sollicité un stage à l'Institut de Recherche Agricole pour le développement (IRAD) de Yaoundé, structure spécialisée dans la recherche agricole, compte tenu de notre formation en sciences environnementales, option Agroforesterie.

L'agriculture constitue une part importante des activités du secteur primaire de l'économie de notre pays (soit environ 75.8% de la contribution du secteur primaire au PIB 2011 ; INS, 2011). Le cacao, culture d'exportation très importante, est la troisième culture pérenne d'exportation dans les zones forestières humides derrière le pétrole et le café et Donald, 2004). Il représente ainsi un des piliers de l'économie nationale concerne un nombre important d'acteurs agricoles pour qui sa culture est la principale source de revenus. Les agroforêts à base de cacaoyers couvrent environ 400.000 hectares de terres. Il s'agit d'une ressource agricole essentielle pour les producteurs qui la pratiquent sur des exploitations agricoles de petites tailles (Jagoret et Nyasse, 2003). La production et la vente du cacao contribuent à la réduction de la pauvreté dans les zones rurales du pays.

Le secteur agricole apparait dès lors comme une source non négligeable d'emplois pour les populations qui y sont très impliquées. Bien qu'étant très appréciée par les experts, la qualité de la fève de cacao produite au Cameroun fait face à quelques faiblesses à savoir la non maitrise des itinéraires techniques par les travailleurs impliqués dans la production (Bagal, 2013). Par ailleurs, la crise cacaoyère a eu des répercussions chez tous les cacaoculteurs dont l'un des ajustements réalisés fut la réduction de la taille des parcelles exploitées et subséquemment celle de la main d'œuvre. Ce constat traduit une corrélation manifeste entre les prix de vente du cacao et l'augmentation de la taille des vergers exploités.

L'objectif qui sous-tend notre étude s'articulait autour de la caractérisation de l'organisation du travail dans les agroforêtsà base de cacaoyers. Plus spécifiquement il s'agissait de :

- Identifier les difficultés rencontrées par les exploitants de cacaoyère pour se procurer de la main d'œuvre ;

- Identifier les différents types de main d'œuvre dans les systèmes agroforestiers à base de cacaoyers, et ;

- Catégoriser les différents types de main d'œuvre dans les systèmes agroforestiers à base de cacaoyers.

1.2. PRESENTATION GENERALE DE LA STRUCTRE D'ACCEUIL

1.2.1 IRAD dans son ensemble

L'Institut de Recherche Agricole pour le Développement (IRAD), créé par décretprésidentiel n° 96/050 du 12 mars 1996réorganisé par le décret n° 2002/230 du 6 septembre 2002 est un établissement public à caractère administratif doté de la personnalité morale et d'une autonomie financière. Il est placé sous la tutelle technique du ministère chargé de la recherche scientifique et de l'innovation et sous la tutelle financière du ministère de l'économie et des finances.

L'organisation actuelle de l'IRAD est caractérisée par un système décentralisé à deux dimensions avec d'une part, le Conseil d'administration et la Direction Générale (le siège) et d'autre part, les organes consultatifs et les structures opérationnelles. L'IRAD est administré par deux organes : le Conseil d'Administration et la Direction Générale.

Les structures opérationnelles de recherche sont les lieux d'implantation et d'exécution des activités scientifiques et techniques de l'Institut. Elles représentent les unités décentralisées et régionalisées de la recherche agricole. Le fonctionnement des structures opérationnelles est tel qu'à chaque niveau, le chef de structure est assisté par des responsables d'entités d'appui technique et de gestion. Chaque centre étant dirigé par un chef de centre qui représente le Directeur Général dans sa zone de compétence.

1.2.2 Activités de recherche

L'IRAD a pour mission de répondre aux préoccupations des acteurs du développement agricole (éleveurs, agriculteurs, transformateurs des produits agricoles, forestiers et d'élevage, distributeurs, etc.) sur toute l'étendue du territoire national. De ce fait, il conduit des activités de recherche visant la promotion du développement agricole dans les domaines des productions végétales, animales, halieutiques, fauniques, forestières et de l'environnement. Il a aussi la charge de mettre au point des innovations technologiques agroalimentaires et agro-industrielles.

1.2.3 Infrastructures

Les structures opérationnelles de recherche

L'IRAD dispose d'une direction générale, de laquelle gravitent des Centres Régionaux de Recherche Agricole pour le Développement, dont un par zone agroécologique (5) et des Stations Polyvalentes de Recherche ou des Stations Spécialisées (13). Ces dernières possèdent des Antennes de Recherche (32) qui sont en fait des Points d'Essais. . De plus, il existe des Centres Spécialisés à vocation régionale et internationale (4) : CEREPA, CERECOM, CEREFEM, CARBAP

Les laboratoires

L'IRAD dispose de dix laboratoires de référence :

Le laboratoire de défenses des cultures (centre de Nkolbisson)

Il a pour objectif de développer des stratégies et méthodes de lutte contre les pestes et lesravageurs des cultures, d'évaluer la bio-efficacité des pesticides (fongicides, insecticides,nématicides, herbicides), d'évaluer le comportement du matériel végétal vis-à-vis desmaladies et ravageurs, et de constituer des mycothèques des agents pathogènes etravageurs.

Le laboratoire des technologies alimentaires (centre de Nkolbisson)

Il est chargé de développer des méthodes de traitements post-récolte des cafés et du cacao, du riz, … d'appuyer les sociétés de développement (ONCC, UCCAO) et de promouvoir la consommation du café au Cameroun

Les trois laboratoires d'analyses des sols (Centres de Nkolbisson, Ekona et Maroua)

Ces laboratoires ont pour objet de déterminer la qualité des sols, le milieu de croissance naturelle des plantes, afin d'améliorer leur productivité agricole et autres travaux publics,de contrôler la qualité des engrais organiques et minéraux, et protéger les paysans ouagriculteurs contre les distributeurs d'intrants véreux, de déterminer les niveaux depollution atmosphérique ou environnementale dans les milieux urbains et ruraux (sol, eau,air), de conduire des essais de fertilité des sols pour l'amélioration de la productivité agricole, de mettre au point des méthodes analytiques adaptées pour les sols, les plantes,les eaux et les engrais.

Le laboratoire de biotechnologie (Centre d'Ekona)

Il a le mandat de développer des systèmes de multiplication rapide de semences améliorées de plantes à tubercules et racines (igname, manioc, macabo, …), de développerdes variétés de macabo à haut rendement et résistantes à la pourriture racinaire par lestechniques biotechnologiques et nucléaires, de mettre au point des méthodes depropagation rapide par culture de tissus pour d'autres plantes d'intérêt économique, etd'assurer la formation des chercheurs et techniciens dans le domaine des biotechnologies.

Le laboratoire de recherche vétérinaire (Centre de Wakwa)

Il a la charge de mener des recherches sur la santé animale, en vue d'améliorer la production animale au Cameroun, et d'élaborer des mesures de contrôle des maladies,ainsi que la formation et la protection des vaccins.

Le laboratoire de biochimie et de nutrition animale (Station spécialisée de Mankon)

Il est chargé de fournir des services aux agriculteurs et aux chercheurs en matière d'analyses spécialisées et de routine sur les aliments, les ingrédients et les sous-produits agroalimentaires.

Le laboratoire de technologie laitière (Centre de Bambui)

Il a pour objet de mener des recherches sur les produits laitiers et tout autre produit alimentaire, de former sur la transformation du lait en sous-produits laitiers, tels queyaourt, crème, lait aromatisé, fromages… et de former des agriculteurs sur la manipulationhygiénique et sanitaire des produits alimentaires.

Le laboratoire de technologie alimentaire (Station polyvalente de Garoua)

Ce laboratoire développe des techniques de transformation et de conservation des produits agricoles.

CHAPITRE2 : REVUE DE LA LITTÉRATURE

La cacaoculture se présente comme l'une des activités agricoles les plus importantes de l'économie camerounaise. La production et la vente des fèves de cacao sont une source indéniable de revenus pour les paysans et contribuent à l'amélioration de leurs conditions de vie. Malheureusement, depuis quelques années la qualité du cacao camerounais est sujette à de grandes préoccupations. Ceci se justifie entre autres par la pauvreté des agriculteurs, un accès limité aux produits phytosanitaires, une non-maitrise des itinéraires techniques, … Il serait donc avantageux pour nous dans une optique de compétitivité de ce produit, de mieux comprendre à partir des systèmes d'organisation du travail dans les et de définir important de comprendre les complémentarités entre les différents types de main d'œuvre.

La présente revue de littérature a pour objet de définir les concepts clés, définir les typologies de main d'œuvre que l'on rencontre dans les SAF, tout en les catégorisant et enfin en montrant les difficultés que rencontrent les exploitants dans la gestion de cette main-d'œuvre.

2.1 Organisation du travail agricole dans les SAF et itinéraires techniques d'une cacaoyère

Bages et al. (1980) définissent l'organisation du travail comme la répartition des tâches et la définition des rôles, englobant la totalité des activités sur l'exploitation et au-delà (sphère domestique et professionnelle). L'organisation du travail est ici considérée au niveau de l'individu au travers de la gestion temporelle de ses tâches.

Pour Valax et Cellier (1992) cité par Hostiou, 2006l'organisation du travail consiste en la répartition dans le temps et dans l'espace des unités de travail (tâches auxquelles sont attribuées des caractéristiques de temps et de ressources - hommes, machines…). L'organisation du travail apparait donc comme une répartition des différentes tâches par les agriculteurs.

Quant à L'itinéraire technique d'une culture, il peut se définir comme une suite logique et ordonnée d'opérations culturales appliquées à une espèce ou une association d'espèces cultivées dans le cadre d'un système de culture (Sebillotte, 1974). Ainsi, dans le cadre d'une cacaoculture, Mossu (1990) identifie les opérations suivantes inhérentes à l'itinéraire technique : le choix et la préparation du terrain; la plantation et l'entretien de la plantation ; la récolte des cabosses et l'écabossage ; et la préparation du cacao marchand (séchage).

Une bonne gestion du travail pourrait devenir un enjeu déterminant en agriculture, et ce tant sous l'angle économique que de la qualité des vies des exploitants. L'efficacité du travail et une bonne maitrise des itinéraires techniques peuvent être corrélées à la rentabilité de l'exploitation. C'est ce que Varlet et Tchiat (1991) appellent, l'intensification de l'itinéraire technique qui est une augmentation quantitative des facteurs de production autre que la terre, et l'augmentation du rendement n'est que la conséquence de celle-ci.

2.2   Définitions et typologie de la main d'œuvre

La cacaoculture au Cameroun est une activité qui se réalise en général dans des systèmes Agroforestiers. Ces systèmes sont pour Baumer (1990) et L. Eboutou (2009) des types d'utilisation de terre dans lesquels sont intégrés au sein d'une même parcelle, simultanément ou de façon séquentielle, les espèces ligneuses, les cultures et/ ou l'élevage dans l'optique d'améliorer la productivité et la rentabilité de la parcelle. Les systèmes agroforestiers à base de cacaoyers sont donc des systèmes d'utilisation des terres intégrant sur une même parcelle, le cacaoyer, les cultures pérennes et annuelles, les arbres fruitiers et forestiers introduits et/ou laissés en place au moment de l'installation de la cacaoyère.

La mise en place d'une cacaoyère nécessite l'utilisation d'une main d'œuvre agricole très souvent familiale et selon la théorie de Long (1984), la main-d'œuvre doit être définie en tenant compte de l'environnement socio-économique et culturel de l'exploitation. Ceci étant, pour Dvorak (1995) la main d'œuvre agricole est une ressource précieuse dont dispose le ménage rural pour la production agricole. C'est grâce à cette main d'œuvre et aux connaissances dont elle dispose, que le ménage est en mesure d'utiliser les ressources naturelles telles que le sol, l'eau, la végétation et le climat, de même que les intrants achetés tels que l'engrais, les produits phytosanitaires et les outils.

L'Encyclopédie des sciences sociales, précise que, le terme de main-d'œuvre dans la terminologie anglo-saxonne, se réfère généralement aux termes "work force", ou "Manpower" ou "labour force". Sur le plan macro, ce concept est défini comme la portion de la population qui est économiquement active (Jaffe 1972), c'est-à-dire la portion de la population qui entre dans l'organisation du travail caractéristique de la culture de chaque société. Ainsi, dans les sociétés primitives par exemple, la force de travail qui représente la main-d'œuvre se distingue difficilement de la population totale, car on remarque la participation de la population entière aux tâches communes de production des biens et services nécessaires à la subsistance. Ceci est dû au faible niveau de développement des technologies.

Aho et Kossou (1997) définissent la main-d'œuvre agricole en Afrique tropicale. Comme l'ensemble des personnes utilisées par l'exploitant agricole contre une rémunération en espèce ou en nature, et liées à celui-ci par un contrat de travail écrit ou verbal, précisant les droits et obligations de chaque partie sauf les membres de la famille qui ne sont généralement pas couverts par de tels contrats de travail. Ces auteurs mettent en exergue l'existence d'une main d'œuvre salariée dont la relation avec l'exploitant réside dans l'établissement d'un contrat de travail.

Darpeix (2008), d'après des enquêtes réalisées auprès de 18 181 exploitations françaises trois types de main d'œuvre ont été identifiés au sein des exploitations agricoles : la main-d'œuvre familiale, la main-d'œuvre salariée permanente et la main-d'œuvre salariée saisonnière.

A la suite, Aho et Kossou (1997) ontaussi fait allusion à la nature des contrats qui lient le paysan et le travailleur. Selon ces auteurs, il existe 04 différentes catégories de main-d'œuvre: la main-d'œuvre salariée, la main-d'œuvre familiale, l'entraide et l'invite à l'aide.

Cette catégorisation semble par ailleurs être celle qui s'adapte le mieux au contexte de notre étude, car définit au mieux les systèmes d'organisation du travail rencontrés dans les SAF.

2.3 Catégorisation de la main d'œuvre

Selon Burton (2003), l'on rencontre une diversité de main d'œuvre utilisée par les exploitants dans les SAF. A partir d'une distinction réalisée entre la main d'œuvre salariée et la main d'œuvre familiale, il définit la main d'œuvre familiale comme étant celle qui se compose d'un nombre variable d'individus des deux sexes et des différentes catégories d'âges. Elle est fortement hétérogène à la différence de la main d'œuvre salariée employée par une exploitation commerciale, au sein de laquelle les individus recrutés ont des caractéristiques d'âge et de sexe les rendant aptes aux travaux qui doivent être effectués. Burton souligne clairement une différence entre les travaux pouvant être réalisés par les femmes de ceux pouvant être faits par des hommes. Ce qui nous permet de réaliser une première catégorisation des travailleurs basée sur le sexe et les travaux pouvant être réalisés par chacun.

Ruf (2010) quant à lui met en exergue un autre mode d'exploitation de la cacaoyère qui est le métayage. Il s'agit en effet d'un contrat dans lequel le propriétaire d'une terre la confie à un métayer qui prend en charge le défrichement, l'installation de la plantation et l'entretien jusqu'à l'entrée en production. La moitié de la récolte revient alors au propriétaire, jusqu'à l'abattage (Colin et Ruf, 2009).

CHAPITRE3 : MATERIELS ET METHODES

3.1. Cadre d'étude

La présente étude a été menée dans la région du Centre Cameroun où les conditions de culture du cacao sont idéales. Le Centre est le principal bassin de production du cacao avec une contribution à hauteur de 60 à 70% du cacao camerounais exportés. La culture du cacaoyer occupe 60 % des surfaces cultivées (Jagoret et *al.*, 2006).

Elle a été réalisée dans le département du Mbam, plus précisément dans le village Yambassa. Le choix de cette zone est orienté par la disponibilité et l'accès aux données propres à la zone d'intervention du projet C2D/PAR/SAF « Contribution à l'amélioration des performances des systèmes agroforestiers à base de cacaoyer et de caféier du grand sud-Cameroun »encore en cours d'implémentation.

3.2. Méthodologie

3.2.1 Collecte de données

3.2.1.1 Données secondaires

Les données secondaires ont été obtenues dans les bibliothèques de l'Institut Supérieur des Sciences Environnementales (ISSE), de l'IITA (International Institute of Tropical Agriculture_Yaoundé), de l'IRAD_Nkolbisson (Institut de Recherche Agricole pour le Développement) et par une revue internet.

3.2.1.2. Données primaires

Les données primaires sont celles recueillies sur le terrain. Elles ont été collectées en une phase du 14 Octobre 2015 au 04 Novembre 2015.

3.2.2. Elaboration des questionnaires

Les données primaires ont été collectées à l'aide d'un questionnaire constitué des questions ouvertes et fermées adressé aux cacaoculteurs. Ce questionnaire a permis de caractériser les producteurs, les cacaoyères et d'évaluer le temps de travail par jour et l'impact de la main d'œuvre et les stratégies de conduites des cacaoyères.

3.2.3. Analyse des données

L'analyse des données a pour but d'apporter une réponse à chacun des objectifs spécifiques et par conséquent d'apporter une réponse à la question de recherche initiale. Le dépouillement du questionnaire (annexe 1) s'est fait manuellement. Les données finales résultantes ont tout d'abord été contrôlées avant d'être saisies et analysées sur le logiciel *Microsoft Office Excel* 2007. Les analyses effectuées ont consisté à la statistique descriptive (somme, fréquence, pourcentage et Figure croisés des résultats) et aux graphes interactifs.

CHAPITRE4 : RESULTATS ET DISCUSSION

Dans ce travail, nous nous sommes proposé d'étudier les systèmes d'organisation du travail dans les agroforêtsà base de cacaoyers du village Yambassa à l'effet d'identifier les difficultés rencontrées par les exploitants de cacaoyères pour se procurer de la main d'œuvre. Il s'est agi également de l'identification des différents types de main d'œuvre dans les systèmes agroforestiers à base de cacaoyers et de la catégorisation de ceux-ci.

4.1. RESULTATS

4.1.1 Structure socio démographique

La population de cacaoculteurs échantillonnée est composée de 6,06% de femmes contre 93,93% d'hommes. Concernant l'origine des exploitants, la population est homogène donc yambassa. Les cacaoculteurs enquêtés sont majoritairement instruits (54,54% ont fait des études primaires, 39,39% ont un niveau secondaire, 3,03% ont un niveau universitaire et 3,03% n'ont jamais été scolarisé). Concernant le statut matrimonial, nous constatons qu'ils sont pour la plupart mariés (69,69%), contre12,12% de célibataires. Par ailleurs 9,09%vivent en union libre et 9,09% sont veufs.

L'âge moyen des cacaoculteurs est de 43 ans avec un maximum de 61 et un minimum de 28 ans. Le nombre de personnes actives par ménage est en moyenne de 4. Le nombre d'enfants à charge pour chaque ménage est compris entre 1 et 14 avec une moyenne de 5 enfants par ménage. Le nombre moyen d'enfants scolarisés au primaire par ménage est de 2 pour le secondaire et 1 pour le supérieur.

Tableau1 : Age des cacaoculteurs, nombre d'enfants et de personnes actives par ménage.

	Minimum	Moyenne	Maximum
Age	28	43	61
Nombre d'enfants a charge	1	5,4	14
Nombre de personnes actives	0	3,5	9

4.1.2 Temps accordé aux activités principale et secondaire

Les cacaoculteurs ont très souvent une activité secondaire. Ceci pouvant être justifiée par le nombre d'heures passées dans leurs exploitations qui sont souvent très réduit en moyenne 3,21 heure/jour avec un minimum d'1heure/ jour et un maximum de 8h/jour. De cette évaluation, il ressort que les cacaoculteurs ont la possibilité de s'adonner à d'autres activités sources de revenus. C'est ce qu'exprime le tableau2.

<u>**Tableau 2**</u> : Temps accordé aux activités principales et secondaires

	Temps moyen accordé Heure	Nombre de Jour de travail	Minimum d'H/jour	Maximum d'H/jour	Minimum de jour de travail	Maximum de jour de travail
Activités principales	3.21	5.24	1	8	1	7
Activités secondaires	6.07	4.91	1	12	1	7

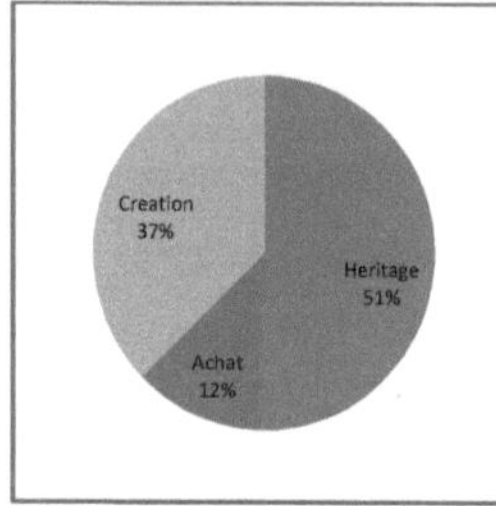

Figure2 : Mode d'acquisition des parcelles

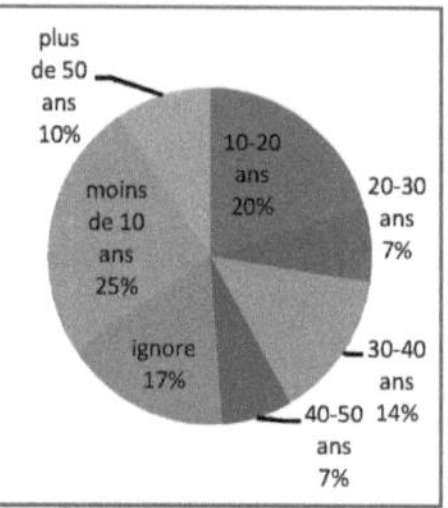

Figure3 : précédent cultural

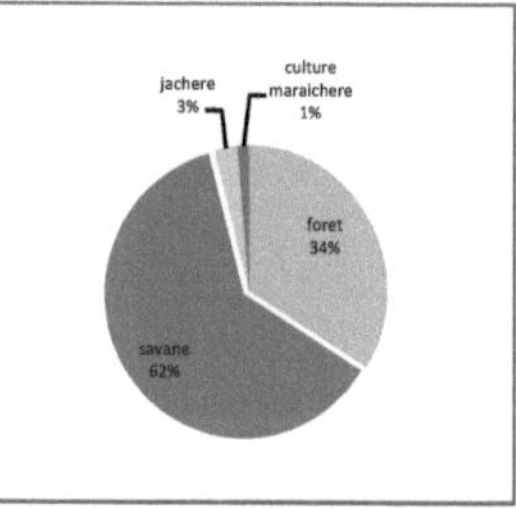

Figure4 : âge des parcelles

Le principal mode d'acquisition des parcelles cacaoyères ici est l'héritage avec un pourcentage de 51 contre 37% de parcelles créées et 12% achetées. La superficie moyenne est de 1,50 ; la superficie minimale et maximale des parcelles cacaoyères sont respectivement 0,25 et 4ha. Le nombre moyen de parcelles par exploitant est de 2,14 avec un maximum de 4 et un minimum de 1. La possession d'une parcelle de terre dans le pays Yambassa se fait par la conquête de la savane Yambene (2004).Par conséquent, il apparait d'après la moyenne des superficies possédées qui se rapproche de la superficie minimale que les populations sont moins enclines à conquérir de nouvelles terres, ce qui laisse des espaces de savane vierges. Les cacaoyères sont créées à 62% dans les savanes, 34% sous forêts, 3% sur des jachères et 1% sur d'anciennes exploitations où étaient précédemment réalisées des cultures maraichères. L'âge moyen de la parcelle est de 22 ans avec un maximum de 62 ans.Concernant la possession de parcelles cacaoyères, les hommes en occupent la quasi-totalité soit 94%

contreseulement   6%   de   cacaoyères   possédées   par   les   femmes.

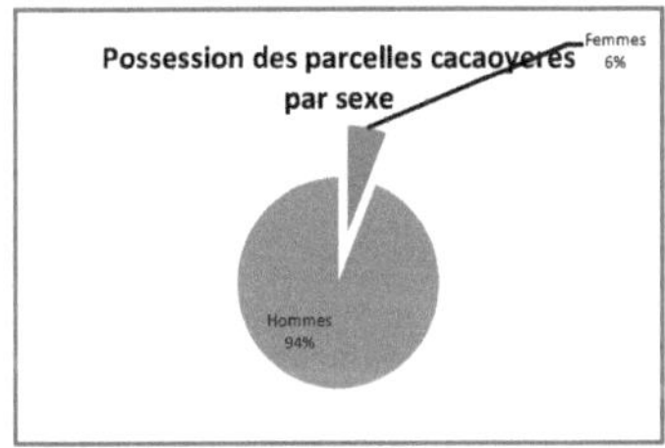

Figure5 : Possession des parcelles cacaoyères par sexe

4.1.3 Typologie de main d'œuvre utilisée dans les SAFC

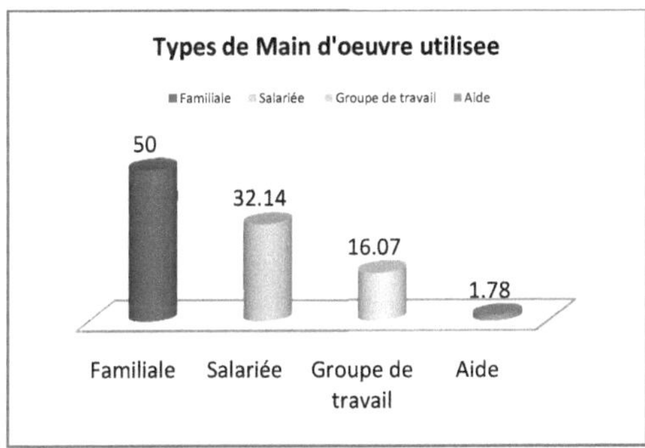

Figure 6: Types de main d'œuvre utilisée

Dans les faits, les enquêtes révèlent l'usage d'une part importante de la main d'œuvre familiale au sein des exploitations de cacaoyers (50%), secondé par une main d'œuvre salariée (32.14%) et le groupe de travail (16.07%), .Ces dernières catégories sont le plus souvent utilisées pour des tâches (désherbage et traitement) jugées plus difficiles par les exploitants que sont : le désherbage, et le traitement . Et enfin, l'aide (1.78%), utilisée lors des activités de récolte pour accompagner les exploitants, a pour principal caractéristique qu'elle nécessite toute la main d'œuvre disponible. Elle invite toutes les populations disponibles et est organisée de façon à réunir le maximum de main d'œuvre disponible. La compensation de cette aide est un ensemble de repas et de boisson offerts aux travailleurs. L'activité de récolte est en elle-même une fête pour le village et la main d'œuvre utilisée dans ce cas est l'aide. Ce mode d'utilisation de la main d'œuvre rejoint les travaux de Aho et Kossou (1997) qui ont également identifié 04 catégories de main d'œuvre utilisés dans les exploitations agricoles...

L'utilisation de différents types de main d'œuvre en agriculture est un avantage car cela permet aux exploitants de recruter selon leurs besoins et les moyens. Errington et Gasson (1996) précisent que différents types de travailleurs peuvent apporter la flexibilité dans la gestion de la ressource travail du fait de leur statut et leurs rythmes d'implication (réguliers, saisonniers, occasionnels). Ces approches se focalisent sur la flexibilité de la main d'œuvre dans les entreprises agricoles. Mundler et Laurent (2003) mettent en avant la place significative de la flexibilité fonctionnelle (par la polyvalence du collectif de travail engagé dans le processus de diversification) des ménages agricoles pour faire face à l'évolution de la régulation du secteur agricole et aux demandes qui leur sont adressées.

Figure7 : Origine des travailleurs   **Figure8** : Niveau d'instruction des travailleurs

La main d'œuvre est constituée en majorité d'autochtones avec 75% de travailleurs contre 25% d'allogènes communément appelés « Bamenda ». La rémunération y est essentiellement monétaire. Il ressort également que, 64 % et 12% des travailleurs ont respectivement le niveau de l'éducation primaire et le secondaire. Il n'y a que 24 % d'analphabètes. Il est donc clair que 76 % des travailleurs peuvent au moins lire et écrire.

4.1.4 Difficultés rencontrées par les exploitants lors du recrutement de la MO

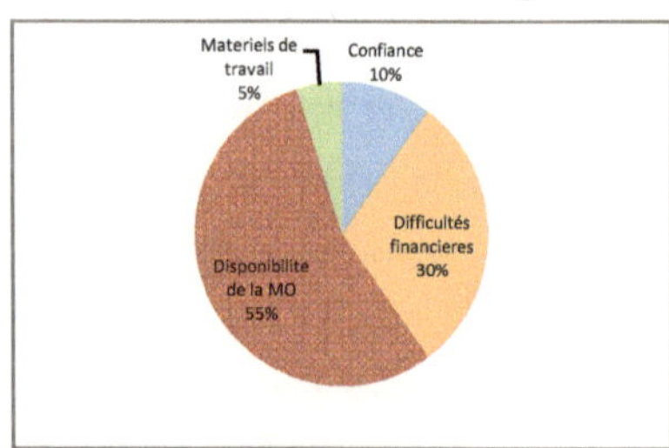

Figure9 : Difficultés rencontrées lors du recrutement de la main d'œuvre

La principale difficulté rencontrée par les exploitants lors du recrutement de la main d'œuvre de travail est la disponibilité de cette dernière. Par ailleurs les coûts induits par l'emploi d'une main d'œuvre limitent son accès, dont la rémunération est parfois très élevée pour les exploitants. Les contrats dans ces exploitations sont verbaux et très souvent les parties en accord ne sont pas toujours satisfaits mutuellement, ce qui pose le problème de confiance et l'accès aux matériels de travail mécanisés contraints les exploitants à recruter une main d'œuvre supplémentaire et possédant un matériel adéquat pour les tâches.

Force de travail dans les SAF (MO familiale)

La main d'œuvre familiale est constituée pour la plupart des enfants. Le nombre d'enfants impliqués dans les activités agricoles varie d'un ménage à l'autre. Les données recueillies à partir des entretiens avec les cacaoculteurs concernant l'implication de leurs enfants dans leurs exploitationsont montré : pour les enfants dont l'âge est inferieur à 14 ans, sur les 18 garçons enquêtés seuls 7 sont impliqués dans les activités agricoles : soit 25% de jeunes garçons sont impliqués très jeune. Et sur 7 filles 2.

Dans la cohorte des 15-20 ans des17 garçons dénombrés 12 (70%) sont déjà initiés à la gestion de l'exploitation et sur les 9 filles recensées seule une est impliquée dans la conduite des activités agricoles.

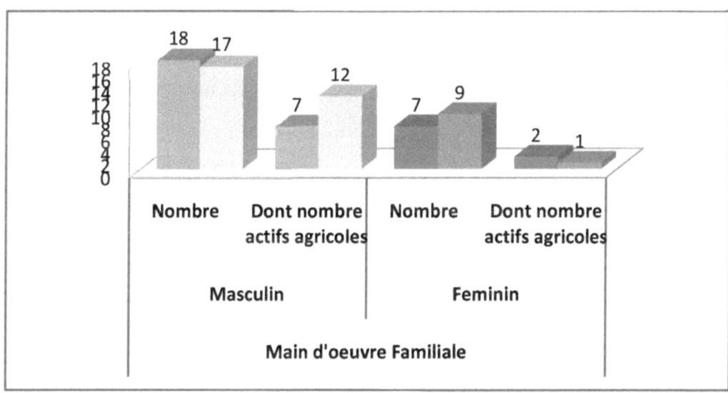

Figure 10: Force de travail dans les SAF (MO familiale Approche genre)

4.1.5 Approche genre dans la répartition du travail

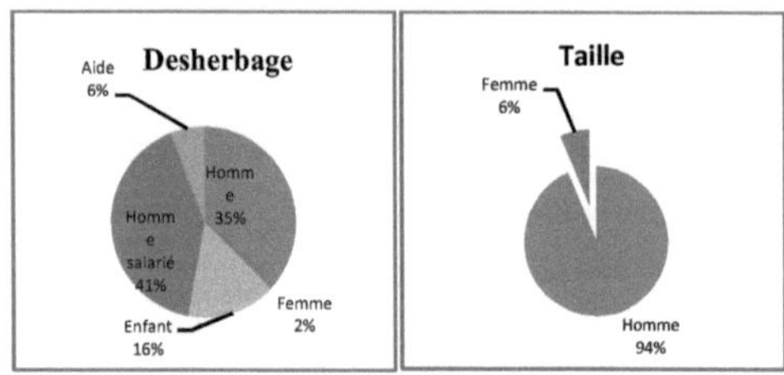

Figure 11 : Désherbage**Figure12** : Taille

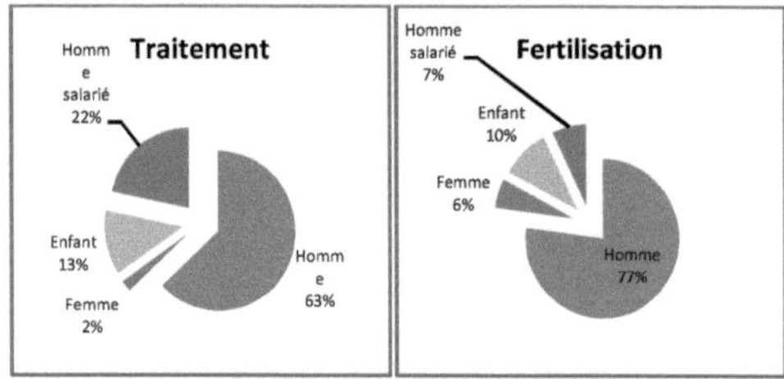

Figure13 : Traitement   **Figure14** : Fertilisation

L'analyse faite des graphes qui précèdent montre que la main d'œuvre est à la fois familiale et salariée. Les activités de désherbage sont réalisées majoritairement par une main d'œuvre salariée (41%) d'une part et par des hommes (35%), les enfants (16%) et 2% des femmes d'autre part. Pour les opérations de traitements, les femmes et les enfants participent respectivement à hauteur de 2% et 13%. Cette tâche, comme la précédente, est l'apanage des hommes (63%) en général et d'une main d'œuvre masculine salariée (22%).

Par ailleurs les 3/4 des activités de fertilisation sont réalisées par la main d'œuvre masculine. Cependant la participation des femmes, des enfants et de la main d'œuvre salariée y reste marginale.

Récolte

Lors de la récolte, en plus de la main d'œuvre familiale, nous remarquons l'intervention d'une nouvelle catégorie de main d'œuvre qui est l'aide qui participe à hauteur de 33% lors de la récolte et 17% lors de l'ecabossage.

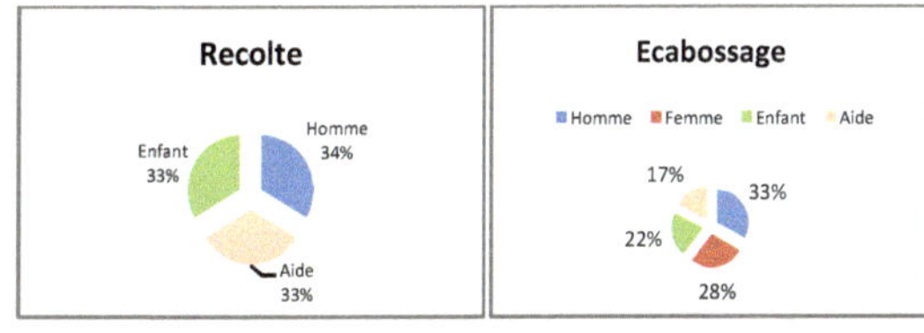

Figure 15 : Récolte   **Figure 16** : Ecabossage

Activités de post-récolte

Lors des activités post-récolte, la main d'œuvre est essentiellement familialeest presqu'équitablement répartie dans la conduite des différentes tâches par les membres de la famille. Toute la famille est donc impliquée dans la gestion post-récolte du cacao.

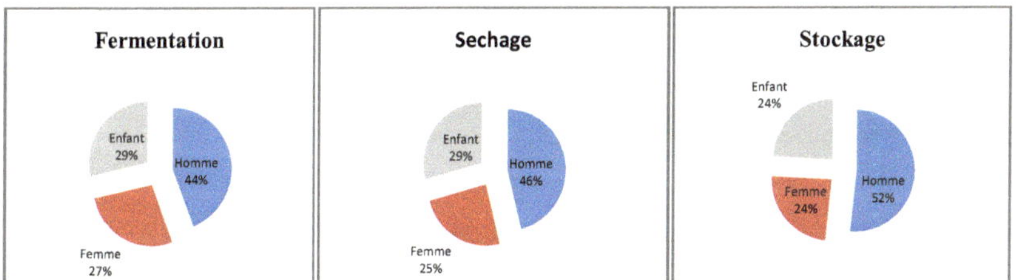

Figure 17 : Fermentation **Figure 18** : Séchage   **Figure19** : Stockage

4.2.1   Approche genre dans la cacaoculture

La sociologie rurale s'intéresse à la position de la femme dans la division du travail et dans la prise de décision dans les exploitations (Whatmore, 1988, Argent, 1999). Des « Gender model » se développent. Simpson et al. (1998), considèrent le travail comme une ressource abstraite qui peut être fournie aussi bien par les hommes que par les femmes. Pour eux en effet, les places des hommes et des femmes sont substituables ; l'idéal étant l'atteinte des objectifs. Dans un autre contexte, Brandth (2002), met en exergue le fait que la modernisation de l'agriculture en Europe a conduit à une meilleure redistribution des tâches entre les hommes et les femmes travaillant au sein des exploitations agricoles. La proportion de main-d'œuvre féminine dans la cacaoculture reste malheureusement très faible : les femmes sont beaucoup plus impliquées lors des activités post-récolte.

Le niveau d'implication des femmes dans la cacaoculture est encore sensiblement bas. Elles ne disposent pas de superficie et de terres assez suffisantes pour développer la cacaoculture. Ce phénomène trouve son explication comme le souligne Yemefack et Alemagi (2013) dans le fait que les femmes sont désavantagées principalement par rapport aux régimes coutumiers d'acquisition des terres. Le statut matrimonial des femmes n'influence pas sur la production cacaoyère des femmes. Par contre, le niveau d'implication des hommes dans la cacaoculture est substantiel : ils possèdent des superficies importantes de terre pour développer la cacaoculture, et disposent de capital pour couvrir les coûts d'intrants de production. Ceci, s'explique en emboitant le pas de Yemefack et Alemagi (2013) qui arguent que les hommes, en tant que natifs et héritiers, disposent des anciennes cacaoyères et ont la potentialité de les agrandir autant que possible. De plus pour Jagoret (2008) et Lepaideur (1985), le fort taux d'investissement des hommes dans la cacoculture se justifie par le fait que le cacao continue d'être leur principale source de revenus.

4.2.2   Organisation du travail dans les SAF
4.2.2.1   Entretien

L'entretien d'une parcelle cacaoyère nécessite prioritairement l'implication des hommes à laquelle on adjoint celle des enfants. Une main d'œuvre salariée et l'aide sont très souvent utilisés pour certaines tâches par les exploitants principalement : le désherbage et la taille.La faible implication des femmes dans ces processus peuvent être définis comme une nette redistribution des tâches entre les femmes et les hommes qui travaillent au sein des exploitations agricolescomme le définit Brandth (2002).

4.2.2.2   Récolte

Lors des périodes de récolte car cette activité nécessite une main d'œuvre considérable. Le travail dans ce cas est défini en quelques équipes caractérisées par l'ensemble des personnes qui effectuent les mêmes opérations pendant une période donnée. La main d'œuvre utilisée ici est constituée de la famille en plus de l'aide. La récolte est ainsi effectuée pendant un nombre de jours dépendant à la fois de la disponibilité de la main d'œuvre (aide) et de la superficie à récolter. Le jour de la récolte est communiqué au maximum de personnes qui reçoivent verbalement une invitation, précisant l'heure et la date prévue pour la récolte. Un groupe est chargé de la cueillette et un autre groupe généralement constitué des plus jeunes et les femmes sont chargées de réunir les cabosses sur un lieu défini où l'ecabossage sera effectué. Cet ensemble d'activités rejoignent ce que Bages et al. (1980) définissent comme la répartition des tâches et la définition des rôles, englobant la totalité des activités sur l'exploitation.

4.2.2.3   Activités Post-récolte.

La gestion des processus de fermentation, de séchage et de stockage nécessite une main d'œuvre essentiellement familiale. Les hommes et les enfants sont beaucoup plus impliqués que les femmes qui sont très souvent occupées par leur plantation. La récolte se réalise pendant les périodes de vacances scolaires, ce qui justifie l'implication des enfants dans les activités agricoles en général et de la cacaoculture en particulier. L'emploi des enfants dans le secteur agricole, peut être donc justifier pendant les périodes de vacances scolaires et remettre en question les statistiques avancées par Central Intelligence Agency qui d'après un rapport publié stipule que le secteur agricole au Cameroun emploierait 70% d'enfants en 2001. Les enfants sont plus impliqués dans l'agriculture que pendant les périodes de vacances scolaires.

4.2.2.4 Activités Secondaires des cacaoculteurs

Les cacoculteursont d'autres activités connexes génératrice de revenues telles que la maçonnerie, la chaudronnerie, le commerce informel…. Le développement de ces activités secondaires peut être justifié, tout d'abord pour les causes de vieillissement de vergers, également la taille des superficies qui sont assez réduites des vergers ; la proximité sur la route nationale également leur avec des marchés que sont : Bafia, Ombessa, Okola…le développement d'un commerce informel aux abords des routes. Plusieurs études ont révélées un développement d'activités parallèles.

CONCLUSION ET PERSPECTIVES

Afin de présenter l'organisation du travail dans les SAFC et contribuer à l'amélioration de l'efficacité du travail au sein des exploitations agricoles à base de cacao nous avons réalisé le suivi des activités des cacaoculteurs de Yambassa et de leurs modes de répartition du travail. Cette étude nous a permis de faire une évaluation de la méthode de production des cacaoculteurs et d'échanger sur l'importance de l'implication de tous les membres de la famille au processus de production. Au terme de cette étude, nous pouvons faire les constats suivants :

- Les exploitants passent très peu de temps dans leurs parcelles cacaoyères (en moyenne 3,21 heure/jour avec un minimum d'1heure/ jour et un maximum de 8h/jour). Ce qui est favorable au développement d'activités secondaires sources de revenus et pouvant contribuer à l'amélioration des conditions de vie de ces populations.

- Le principal mode d'acquisition des parcelles cacaoyères ici est l'héritage à près de 51%. Les populations ne sont pas très enclines a conquérir de nouveaux espaces sur la savane afin d'augmenter leurs exploitations.

- Les parcelles cacaoyères sont pour la plupart possédées par des hommes, très peu de femmes ont accès aux plantations cacaoyères, sauf dans des cas exceptionnels : héritage du défunt mari, héritage du père si ce dernier n'a pas eu de progéniture masculine.

  Dans les exploitations agricoles, la main d'œuvre est en générale masculine et l'intervention des femmes se fait beaucoup plus lors de l'ecabossage,le séchage et le stockage. Ceciétant, la cacaoculture reste une activité majoritairement réservée aux hommes.

Afin d'assurer une meilleure productivité et surtout une augmentation des quantités produites, l'implication de toutes les populations, en particulier l'incitation des femmes à la cacaoculture pourraient booster la productivité au sein des cacaoyères.

Un travail plus élargi dans tous les bassins de production permettra de mieux appréhender les différents modes d'organisation du travail des populations afin d'apporter d'amples informations sur la place qu'occupent les femmes et les enfants dans la cacaoculture au Cameroun. Egalement, l'évaluation du coût monétaire d'emploi d'une main d'œuvre familiale dans les exploitations agricoles se prête manifestement à l'attention.

Bibliographie

- Baptista, F.O. (1991). Les agricultures familiales au Portugal. Communication au Séminaire du RAFAC, 21-26 octobre 1991, CIHEAM-IAM, Montpellier.

Cécile Fiorelli, Jocelyne Porcher, Benoit Dedieu. Famille et élevage : sens et organisation du travail

-Dedieu B., Servi ère G. La méthode Bilan Travail et son application. In: Rubi n o R. (ed.), Morand Fehr P. (ed.). Systems of sheep and goat production: Organization of husbandry and role of extension services. Zaragoza : CIHEAM, 1999. p. 353-364 (Options Méditerranéennes : Série A. Séminaires Méditerranéens; n . 38)

- S. Madelrieux, B. Nettier, L. Dobremez. L'exploitation agricole, la famille et le travail : nouvelles formes, nouvelles régulations ? Journées d'étude INRA-Cirad : le travail en agriculture dans les sciences pour l'action, Mar 2010, Parent, France. 12 p.

- M. Yemefack and Alemagi, 2013, A Feasability study for Emission Reduction in the Efoulan Council, South Cameroon.- Mohamed Elloumi Institut National de la Recherche Agronomique, Ariana/Tunis (Tunisie)

L'agriculture familiale méditerranéenne : permanence et diversité avec références particulières aux pays du Maghreb

- Nathalie Hostiou (TSE – Metafort), Mai 2006 Synthèse bibliographique « Approches sur le travail en Agriculture par les disciplines sociales et techniques »

- Reboul Claude. Evaluation du coût d'emploi de la main-d'œuvre familiale sur une exploitation agricole. Contribution méthodologique In: Économie rurale. N°161, 1984. pp. 15-23.

- Stankovic Dusan. L'influence des changements socio-économiques à la campagne sur l'emploi de la main-d'œuvre féminine. In: Économie rurale. N°81-82, 1969. pp. 37-44.

- https://www.ird.fr/les-partenariats/principaux-partenaires-scientifiques/afrique-de-l-ouest-et-centrale/cameroun/irad

Annexe

Ce questionnaire servira à identifier et caractériser l'organisation du travail dans les systèmes agroforestiers (SAF) à base de cacaoyers.   Numéro du questionnaire ....

PARTIE I : INFORMATIONS GENERALES

P1.Q01	Date de l'enquête ....
P1.Q02	Village/ Quartier..
P1Q.03	Arrondissement ....
P1.Q04	Département...
P1.Q05	Province ....

PARTIE 2 : IDENTIFICATION DE L'EXPLOITANT

P2Q01	Nom et prénom de l'exploitant..
P2Q02	Sexe (1.M ; 2.F)...
P2Q03	Age ....
P2Q04	Statut matrimonial (1. Célibataire ; 2. Marié ; 3. Divorcé ; 4. Veuf (ve)...............
P2Q05	Niveau d'instruction général (1. Jamais scolarisé ; 2. Primaire ; 3. Secondaire ; 4. Supérieure ; 5. Formation professionnelle ; 6. Autre ....
P2Q06	Ethnie ....
P2Q07	Activité principale : 1. Agriculture 2. Artisanat 3. Commerce 4. Fonctionnaire 5. Autres........ <table><tr><td>Activités</td><td>Temps accordé /jour</td></tr><tr><td></td><td></td></tr></table>
P2Q08	Activité secondaire : 1. Agriculture 2. Artisanat 3. Commerce 4. Fonctionnaire 5. Autres........ <table><tr><td>Activités</td><td>Temps accordé /jour</td></tr><tr><td></td><td></td></tr></table>
P2Q09	Quelle est la taille de votre ménage ?
P2Q10	Quel est le nombre de personnes actives dans le ménage ? ....
P2Q11	Quel est le nombre de personnes a charge ? ....
P2Q12	Avez-vous des enfants en âge scolaire ? ....0= non 1= oui
P2Q13	Sont-ils tous scolarisés ? 0= non 1= oui

P2Q14		Primaire		Secondaire		Université	
	Nombre	Filles	Garçons	Filles	Garçons	Filles	Garçons

PARTIE 3 : IDENTIFICATION DE LA CACAOYERE

P3Q01 Combien de parcelles cacaoyères possédez-vous ?..............

P3Q02 Mode d'acquisition, année de création des parcelles et précédent cultural.

Numéro de la cacaoyère	Année de création	Superficie (ha)	Précédent cultural	Mode d'acquisition
1				
2				
3				
4				
5				

PARTIE 4 : OPERATIONS CULTURALES PAR SAF CACAOYERS.

P4Q01. Operations culturales réalisées dans les SAF cacaoyers.

Operations culturales	Numéros de parcelles									
	1	2	3	4	5	6	7	8	9	10
Entretien de la cacaoyère										
Désherbage										
Taille										
Réglage de l'ombrage										
L'élagage										
Le réglage de la densité										
Récolte sanitaire										
Traitement insecticide										
Traitement fongicide										
Traitement mixte										
Fertilisation										
récolte et Post-récolte										
Ecabossage										
Fermentation										
Séchage										
Stockage										

PARTIE 5 : TYPES DE MAIN D'ŒUVRE DANS LES SAF

P5Q01	Etes-vous membre d'un groupe ou d'une organisation dans votre village? (0. non 1.oui)
P5Q02	Quel en est l'objectif principal ? 1= production 2= vulgarisation 3= commercialisation
P5Q03	Est-ce que cette organisation intervient dans les activités de votre cacaoyère ? (0. non 1.oui)
P5Q04	Comment se déroule la gestion du travail dans votre organisation ?..
P5Q05	Quelles sont les sources de main d'œuvre dans vos SAF à base de cacaoyers ? 1. MO Familiale 2. MO salariée
P5Q06	D'où viennent vos travailleurs? 1=village 2= d'autres village (à préciser)
P5Q07	Quels sont les niveaux d'instruction de vos travailleurs ? 0 = Sans niveau 1 = Primaire 2 = Secondaire 3 = Universitaire
P5Q08	Quel est le mode de rémunération de vos employés ? 1= nature 2= monétaire 3= autres (préciser).................................
P5Q09	Vos enfants participent-ils à la gestion de votre cacaoyère ? 0= non 1= oui
P5Q10	A quelles périodes sont-ils le plus souvent impliqués ? 1= lors de la mise en place 2= entretien de la cacaoyère 3= récolte et post-récolte
P5Q11	Quels sont les difficultés que vous rencontrez lors du recrutement de la main d'œuvre ?

P5Q12 Force de travail dans les SAF (MO Familiale)

Groupe d'âge	Masculin		Féminin	
	Nombre	Dont nombre actifs agricoles	Nombre	Dont nombre actifs agricoles
0-14 ans				
15-20 ans				
>50 ans				

PARTIE 7 : ECHELLE DE PENIBILITE DANS LES SAF CACAOYERS

P7Q01 évaluation de la pénibilité du travail
0= pas pénible 1= pénible 2= très pénible

Activités	Hommes	Femmes	Enfants	Nombre d'heures de travail/ jour	Nombre de personnes impliquées/activité
Mise en place de la plantation					
Défrichage					
Abattage					
Piquetage					
Layonnage					
Trouaison					
Mise en place des cacaoyères					
Entretien de la cacaoyère					
Désherbage					
Taille					
Réglage de l'ombrage					
L'élagage					
Le réglage de la densité					
Récolte sanitaire					
Traitement phytosanitaire					
Fertilisation					
récolte et Post-récolte					
Ecabossage					
Fermentation					
Séchage					
Stockage					

PARTIE 8 : DIFFERENTES TACHES EN FONCTION DES TRAVAILLEURS (Approche genre)

P8Q01 Main d'œuvre en fonction des activités au courant de l'année.

Période / Activités	Janvier	Février	Mars	Avril	Mai	Juin	Juillet	Aout	Septembre	Octobre	Novembre	Décembre
Entretien de la cacaoyère												
Désherbage												
Taille												
Réglage de l'ombrage												
Elagage												
Réglage de la densité												
Récolte sanitaire												
Traitement phytosanitaire												
Fertilisation												
récolte et Post-récolte												
Ecabossage												
Fermentation												
Séchage												
Stockage												

Type de main d'œuvre 1= Hommes 2= Femmes 3= Enfants 1S= Hommes Salarié 2S= Femmes salariée